Paulo Henrique de Souza

FÍSICA LÚDICA:
práticas para o ENSINO FUNDAMENTAL E MÉDIO

1ª edição
2011

© 2011 by Paulo Henrique de Souza

© Direitos de publicação
CORTEZ EDITORA
Rua Monte Alegre, 1074 – Perdizes
05014-000 – São Paulo – SP
Tel.: (11) 3864-0111 Fax: (11) 3864-4290
cortez@cortezeditora.com.br
www.cortezeditora.com.br

Direção
José Xavier Cortez

Editor
Amir Piedade

Preparação
Alexandre Soares Santana

Revisão
Alessandra Biral
Fábio Justino de Souza
Gabriel Maretti

Edição de arte
Mauricio Rindeika Seolin

Ilustrações
Roberto Melo

Foto de capa
Agestado

Dados Internacionais de Catalogação na Publicação (CIP)
(Câmara Brasileira do Livro, SP, Brasil)

Souza, Paulo Henrique de
  Física Lúdica: práticas para o Ensino Fundamental e Médio/
Paulo Henrique de Souza; ilustrações Roberto Melo. – 1. ed. –
São Paulo: Cortez, 2011. (Coleção oficinas aprender fazendo)
  Bibliografia.
  ISBN 978-85-249-1696-0

  1. Física (Ensino Fundamental) 2. Física (Ensino Médio)
I. Melo, Roberto. II. Título. III. Série

11-01686   CDD-372.35
                                                      -530.07

Índices para catálogo sistemático:

1. Física: Ensino Fundamental   372.35
1. Física: Ensino Médio   530.07

Impresso no Brasil — novembro de 2011

"Quando se comenta sobre a cultura, de um modo geral, raramente a Física comparece de imediato na argumentação, ou outra representante das ciências naturais dá o ar de sua graça. Cultura, quando pensada academicamente ou com finalidades educacionais, é quase sempre evocação de alguma obra literária, alguma grande sinfonia ou pintura famosa; cultura erudita, enfim. Tal cultura traz à mente um quadro de Picasso, uma sinfonia de Beethoven, um livro de Dostoyevsky, enquanto que a cultura popular faz pensar em capoeira, num samba de Noel ou num tango de Gardel. Dificilmente, porém, cultura se liga ao teorema de Godel ou às equações de Maxwel."
(Zanetic 1989)

Agradeço a Deus pela vida, aos meus pais, Eva e Ademar, pela doação de suas vidas, aos meus sogros, Marcelino e Luiza, e cunhadas, Márcia e Marília, pelo estímulo, ao meu irmão, Emerson, pela torcida, ao meu orientador, João Zanetic, pelas lições de vida e profissionalismo, ao amigo Amir pela oportunidade e amizade, aos meus alunos pelos ensinamentos e inspiração e à minha amada família, Mariangela, Sávio e Laura, pelo amor, felicidade e tempo doado de suas vidas.

Dedico este trabalho à minha amada esposa, Mariangela, e aos meus amados filhos, Sávio e Laura, que crescem em sabedoria e graça. O tempo da minha felicidade pertence a eles, por toda a minha vida.

Apresentação

Pensando no ensino atual de ciências e, mais especificamente, de Física, talvez a percepção mais intensa que se tenha é da proximidade com a Matemática e seu intenso formulismo. Sem dúvida a Matemática é ferramenta fundamental da Física, e as fórmulas, quando entendidas no contexto do seu processo de criação, expressam o caráter imaginativo do seu criador. Contudo, deve-se pensar que nem todos os alunos possuem "talento" e "gosto" para aprender Física somente por meio da Matemática, geralmente já no segundo ciclo do Ensino Fundamental ou no Ensino Médio.

Assim, a proposta deste livro é contribuir para que o professor do Ensino Fundamental explore a característica experimental e lúdica da Física. Reuniram-se aqui 60 atividades de Física que visam apresentar essa ciência aos alunos da Educação Básica. Procurou-se dividi-las segundo os tradicionais e conhecidos blocos temáticos, identificando-as com nome e número dentro do bloco e número da atividade no livro, para facilitar sua citação e procura.

O bloco de **Mecânica** apresenta atividades sobre cinemática, que discute os movimentos com base em sua descrição matemática, e sobre dinâmica, em que as leis de Newton e a concepção de energia são exploradas. No bloco sobre **Hidrostática**, buscaram-se atividades relacionadas à pressão atmosférica e dos líquidos, estudando os líquidos em repouso. As últimas atividades desse bloco são sobre hidrodinâmica (fluido em movimento) e princípio de Pascal (transmissão de força por meio de fluidos). No bloco sobre **Gravitação**, explora-se a relação entre o Sol, a Lua e a Terra e os fenômenos temporais e espaciais que surgem dos seus movimentos. No bloco de **Óptica** e **Ondas**, as atividades focalizam a óptica geométrica (em que se estuda a formação de imagens por meio da geometria) e a óptica física (em que se discute a natureza da luz), além das experiências relativas às ondas mecânicas e suas características. Os fenômenos relacionados ao calor são apresentados por meio das experiências descritas no bloco **Termologia** e **Termodinâmica**, em que os conceitos de temperatura (como agitação molecular) e calor (como processo de transferência de energia) são discutidos, além de suas implicações na pressão dos fluidos (água e gases). Por fim, no bloco de **Eletromagnetismo**, as atividades previstas exploram a eletrostática (fenômenos com cargas em repouso), a eletrodinâmica (fenômenos com cargas em movimento) e o eletromagnetismo, em que os fenômenos elétricos e magnéticos se relacionam.

É importante ressaltar que a profundidade da discussão dos experimentos depende do conhecimento dos alunos e da formação do professor. Eles podem ser utilizados no primeiro ciclo do Ensino Fundamental, etapa da Educação Básica para a qual as atividades foram primordialmente pensadas, no segundo ciclo do Ensino Fundamental e no Ensino Médio. Sugere-se explorar as atividades de forma investigativa, ou seja, apresentá-las na forma de resolução de um problema. Nesse caso, é mais interessante que o professor estude o experimento previamente e proponha questões a serem respondidas. A bibliografia no final do livro indica as obras consultadas para sua elaboração e também é fonte de pesquisa futura dos professores. Além disso, as atividades podem tanto ser propostas em pequenos grupos – quando se tem um número reduzido de alunos e o professor pode acompanhá-los – como ser realizadas mediante a demonstração. Para atividades que utilizem materiais cortantes e inflamáveis, é aconselhável empregar o recurso da demonstração para evitar acidentes.

Espera-se que este livro contribua para que a Física seja levada para a sala de aula com todas as suas faces, o quanto antes, e possa acolher no seu grupo de simpatizantes um número maior de alunos, professores e cidadãos, pois Física também é cultura (Zanetic, 1989).

Mecânica

Atividade 1
Grandezas diretamente proporcionais

Esta atividade auxilia:
- no entendimento de grandezas diretamente proporcionais;
- na definição de função de primeiro grau (Ensino Fundamental II e Médio);
- na definição de coeficiente angular (Ensino Fundamental II e Médio);
- na elaboração de gráficos e tabelas.

Conteúdo
- Razões e proporções.

Você vai precisar de:
- 20 pequenos pedaços de madeira de mesma espessura ou um jogo de dominó (ou de dama);
- régua de 30 cm;
- lápis e papel.

Procedimento
- Empilhar deitadas as peças uma a uma, fazendo a medição da altura a cada peça colocada.

- Fazer uma tabela que mostre a quantidade de peças e a respectiva altura da coluna.
- Elaborar um gráfico que traga, na horizontal (eixo x), a quantidade de peças e, na vertical (eixo y), a altura.
- Ligar os pontos do gráfico.
- Escolher uma quantidade de peças e sua altura. A figura formada abaixo da linha do gráfico será um triângulo.
- Dividir o valor da altura pelo valor da quantidade de peças. O número encontrado é a espessura média da peça.

Ensino Fundamental II e Médio
- O número encontrado é o coeficiente angular que chamaremos de C.
- Tem-se assim uma expressão do tipo H=CQ, em que H é a altura em centímetros da pilha, Q a quantidade de peças e C o coeficiente angular.
- É uma equação do tipo y=Ax.
- Se, por exemplo, o valor C encontrado for 5, a expressão será H=5Q.
- A altura da pilha é diretamente proporcional à quantidade de peças.

Mecânica

Atividade 2
Grandezas inversamente proporcionais e velocidade média

Esta atividade auxilia:
- no entendimento de grandezas inversamente proporcionais;
- na definição de velocidade média;
- na elaboração de gráficos e tabelas.

Conteúdo
- Razões e proporções.
- Mecânica (movimentos).

Você vai precisar de:
- carrinhos de fricção;
- trena de 2 a 5 m;
- cronômetro;
- giz.

Procedimento
- Marcar com a trena e o giz uma distância de 2 a 5 metros no chão, dependendo do espaço disponível.
- Friccionar os carrinhos com pouca intensidade e posicioná-los na linha de partida.

Mecânica

- Ajustar o cronômetro.
- Soltar um carrinho ao mesmo tempo que se aciona o cronômetro.
- Quando o carrinho chegar ao limite do espaço, verificar o tempo e anotá-lo em uma tabela conforme abaixo:

Espaço	Tempo	Espaço/Tempo

- Repetir a operação no mínimo quatro vezes, aumentando a intensidade da fricção.
- Traçar um gráfico do quociente entre espaço e tempo.

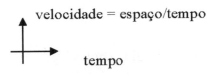

- Perceber que, à medida que aumenta o quociente entre espaço e tempo, chamado de velocidade, o tempo diminui.

Mecânica

Atividade 3
Movimento uniforme

Esta atividade auxilia:
- no entendimento do movimento uniforme;
- na introdução ao conceito de densidade;
- no entendimento das leis de Newton.

Conteúdo
- Mecânica (cinemática e hidrostática).

Você vai precisar de:
- tubo de ensaio (ou tubo transparente) de 20 cm aproximadamente;
- dosador de gotas;
- óleo de cozinha;
- tigela com água;
- palitos.

Procedimento
- Encher o tubo com óleo até uma altura de medida conhecida.
- Com o dosador, pingar gotas de água.

Mecânica

- Às vezes é necessário dar leve toque na gota com uma pinça ou palito, pois a tensão superficial do óleo pode impedir o início do movimento.
- Marcar o tempo a partir do início do movimento da gota até sua chegada ao fundo do tubo.
- Repetir a operação mais de uma vez, percebendo que o tempo é o mesmo.

Observações

1. Quanto às leis de Newton, perceber que ocorre um equilíbrio de forças entre o peso da água e o empuxo (força de baixo para cima) exercido pelo óleo. Assim a resultante é nula e o movimento da gota é retilíneo uniforme.
2. Quanto à densidade, pode-se questionar o porquê de a água afundar no óleo. Se invertêssemos o processo, colocando a água no tubo e pingando o óleo, será que tudo transcorreria da mesma forma? Notar que a água é mais densa do que o óleo; ou seja, em uma mesma unidade de volume cabe mais água do que óleo.

Mecânica

Atividade 4
Movimento uniformemente variado

Esta atividade auxilia:
- no entendimento do movimento uniformemente variado;
- na introdução ao conceito de gravidade;
- no entendimento das leis de Newton.

Conteúdo
- Mecânica (cinemática e dinâmica).

Você vai precisar de:
- dois tubos de PVC de 1 m;
- fita-crepe;
- esfera de aço;
- pedaço de madeira de 15 cm de altura;
- trena;
- cronômetro;
- pedaços de madeira (ou de metal) para obstáculo.

Procedimento
- Juntar os tubos de PVC com a fita-crepe.
- Com a trena, fazer marcas no tubo de PVC a cada 15 cm.

Mecânica

- Apoiar um dos lados do tubo no pedaço de madeira de 15 cm de altura e o outro no chão.
- Fazer a esfera de aço percorrer as distâncias de 15 cm, 30 cm, 45 cm e assim sucessivamente, marcando o tempo. Utilizar obstáculos para facilitar a marcação do tempo.
- Registrar os dados em uma tabela como abaixo:

Espaço	Tempo	Espaço/Tempo

- Traçar o gráfico.

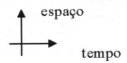

Observação

A posição (s) ocupada pela esfera é proporcional ao quadrado do tempo (t), como verificou Galileu. Sendo assim, a constante envolvida é a própria gravidade (a). O gráfico é uma parábola e o movimento varia sempre conforme o valor da gravidade, ou seja, 10 m/s a cada segundo, aproximadamente. Ver a equação a seguir:

$$s = \frac{1}{2}at^2$$

Atividade 5
O atrito

Esta atividade auxilia:
- no entendimento do conceito de atrito;
- no entendimento da relação entre força e movimento.

Conteúdo
- Mecânica (dinâmica).

Você vai precisar de:
- bexiga;
- CD velho.

Procedimento
- Encher a bexiga.
- Passar a boca da bexiga pelo furo do CD.
- Soltar no chão os dois corpos.

> **Observação**
> Como o CD é liso, a bexiga desliza rapidamente no solo, mas o mínimo atrito entre o CD e o solo provoca a diminuição da velocidade do conjunto (CD e bexiga). Fisicamente isso é explicado pela ação da força de atrito, que, contrária ao movimento do CD, age sobre ele, diminuindo a sua velocidade, ou seja, desacelerando-o. A segunda lei de Newton postula a variação da velocidade de um corpo quando a resultante das forças que agirem sobre ele for não nula. Sendo assim, existe uma relação entre força e movimento. Porém é importante ressaltar que pode existir movimento quando a resultante das forças for nula. Por exemplo, temos os movimentos retilíneos com velocidade constante, apesar de raros na natureza.

Atividade 6
Velocidade média e força

Esta atividade auxilia:
- no entendimento do conceito de velocidade média;
- no entendimento de energia mecânica;
- no entendimento da terceira lei de Newton.

Conteúdo
- Mecânica (cinemática e dinâmica).

Você vai precisar de:
- rolo de barbante;
- saco de bexigas;
- pacote de canudos plásticos;
- trena de 2 m, no mínimo;
- tesoura;
- cronômetro.

Procedimento
- Esticar 5 metros de barbante, no mínimo.
- Encher uma bexiga e segurá-la pela ponta, sem amarrá-la.
- Cortar um pedaço de 8 a 10 cm do canudo.
- Passar uma das pontas do barbante por dentro do canudo.
- Fixar a bexiga no canudo com fita-crepe.
- Soltar o ar da bexiga, de modo que ela se movimente de uma ponta em direção à outra.

Observações

1. Se for utilizar a atividade para tratar do conceito de velocidade média, fazer uma tabela semelhante à da Atividade 2, realizando mais de uma medição.
2. Para utilizá-la no entendimento da terceira lei de Newton, questionar a necessidade de as forças aparecerem aos pares e a necessidade da simetria do espaço (o ar sai no sentido oposto ao do deslocamento da bexiga).
3. Quanto ao entendimento de energia mecânica, explorar a relação entre quantidade de ar e velocidade da bexiga, pensando na energia cinética.

Mecânica

Atividade 7
Tempo de queda de um corpo

Esta atividade auxilia:
- no entendimento do conceito de lançamento;
- no entendimento do conceito de tempo de queda;
- no entendimento do conceito de gravidade.

Conteúdo
- Mecânica (cinemática e dinâmica).

Você vai precisar de:
- pedaço de trilho de cortina encurvado;
- 2 esferas de aço;
- trena de 2 m, no mínimo;
- mesa;
- cronômetro.

> **Observação**
> O tempo de queda na trajetória oblíqua e na trajetória vertical é aproximadamente igual, pois a ação da aceleração da gravidade é a mesma nos dois casos.

Procedimento
- Apoiar uma das partes do trilho na ponta da mesa.
- Soltar uma das esferas de aço de diferentes pontos do trilho encurvado.
- Medir o tempo de queda da esfera a partir da saída da mesa, percebendo que, independentemente da posição da qual a bolinha for solta, o tempo de queda será o mesmo.
- Comparar os tempos

Atividade 8
Ação e reação

Mecânica

Esta atividade auxilia:
- no entendimento das leis de Newton;
- no entendimento do conceito de força;
- no entendimento da influência da massa no movimento.

Conteúdo
- Mecânica (dinâmica).

Você vai precisar de:
- chapa de isopor;
- vários lápis redondos;
- carrinho de fricção;
- vários corpos de metal (ou de madeira) pequenos para contrapeso.

Procedimento
- Colocar vários lápis redondos um ao lado do outro.
- Apoiar a chapa de isopor sobre os lápis até que fique bem equilibrada.
- Colocar o carrinho de fricção, com as rodas já friccionadas, sobre a chapa de isopor, perpendicularmente aos lápis, e soltar.
- Notar que o carrinho pouco se moverá, mas a chapa de isopor irá para trás.
- Colocar aos poucos os contrapesos sobre a chapa de isopor e repetir os procedimentos anteriores até o carrinho ir para a frente e o isopor permanecer no lugar.

Observações
1. É importante salientar que a ação é uma força e a reação é outra. Portanto, a toda ação corresponde uma reação, de mesma intensidade e mesma direção, aplicada no corpo que provocou a ação, porém em sentido oposto.
2. A aceleração do corpo decorrente da ação de uma força depende da sua massa. Comparar com o movimento do remador e do nadador e com o próprio andar.

Mecânica

Atividade 9
A inércia

Esta atividade auxilia:
- no entendimento das leis de Newton;
- no entendimento do conceito de inércia;
- na compreensão da importância do referencial.

Conteúdo
- Mecânica (dinâmica).

Você vai precisar de:
- carrinho de fricção: jipe ou conversível;
- boneco;
- obstáculo.

> **Observação**
> O carrinho para ao bater e o boneco é arremessado para a frente. O movimento ocorre segundo a primeira lei de Newton, de acordo com a qual os corpos tendem a manter o seu estado de repouso ou movimento. Esse pequeno experimento ajuda na conscientização da importância do cinto de segurança.

Procedimento
- Colocar o boneco dentro do carrinho.
- Friccionar o carrinho para que entre em movimento.
- Colocar o obstáculo em sua frente para que ocorra o choque.

Atividade 10
A queda no vácuo

Mecânica

Esta atividade auxilia:
- no entendimento da força da gravidade;
- no entendimento da força de resistência do ar;
- na compreensão do papel da massa;
- na compreensão do trabalho de Galileu.

Conteúdo
- Mecânica (dinâmica).

Você vai precisar de:
- tubo de ensaio;
- rolha para fechar o tubo;
- algodão;
- alfinete;
- trena.

> **Observação**
> Quando solto fora do tubo, o alfinete cai mais rápido, pois o algodão sofre maior resistência do ar. Dentro do tubo, na quase ausência de ar, os corpos caem quase ao mesmo tempo, pois estão submetidos à mesma aceleração.

Procedimento
- Soltar um pequeno pedaço de algodão e o alfinete de uma altura de 50 cm.
- Colocar o algodão e o alfinete dentro do tubo de ensaio.
- Fechar o tubo com a rolha.
- Virá-lo de boca para baixo e observar a queda dos corpos.

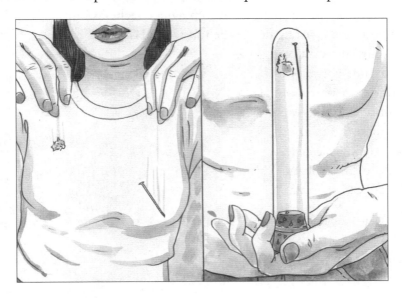

Mecânica

Atividade 11
Resistência e energia mecânica

Esta atividade auxilia:
- no entendimento da resistência dos materiais;
- no entendimento da energia potencial;
- no entendimento da energia cinética;
- na compreensão da importância da ação da gravidade;
- na compreensão da transformação de energia.

Conteúdo
- Mecânica (dinâmica).
- Energia mecânica.
- Resistência dos materiais.

Você vai precisar de:
- diferentes tipos de garrafas PET com tampa e sem furos;
- elásticos;
- sacos plásticos transparentes e resistentes;
- trena.

> **Observação**
>
> As garrafas devem estourar, e a água ficará contida no saco plástico. A garrafa mais resistente será a que estourar após ser solta da maior altura. Na maior altura tem-se a maior energia potencial acumulada pela ação da gravidade. Partindo da maior altura, as garrafas alcançam maior velocidade até se chocarem com o solo – ou seja, maior energia cinética, resultante da transformação da energia potencial (altura e gravidade).

Procedimento
- Encha cada garrafa totalmente com água e feche-as.
- Coloque cada garrafa dentro de um saco plástico.
- Feche-os com elástico.
- Solte uma garrafa de cada vez a partir de 0,5 m de altura.
- Aumente 0,5 metro a cada tentativa, repetindo o procedimento com cada garrafa.

Atividade 12
Energia potencial e trabalho

Mecânica

Esta atividade auxilia:
- no entendimento da ação da gravidade;
- no entendimento da ocorrência de transformações de energia nos movimentos;
- na discussão do conceito de trabalho.

Conteúdo
- Mecânica (dinâmica).
- Trabalho da força peso.
- Energia potencial gravitacional.

Você vai precisar de:
- trena;
- local com uma escada;
- o valor em quilos da massa dos alunos.

> **Observação**
> O produto entre massa (m), gravidade (g=10 m/s^2) e altura da escada (h) em metros corresponde ao trabalho realizado pelo músculo, ou seja, à energia que ele consumiu e que foi retirada da energia química processada dentro do organismo por meio da quebra de aminoácidos presentes nos alimentos.

Procedimento
- Meça o tamanho vertical de cada degrau da escada com a trena.
- Some esses tamanhos para obter a altura da escada.
- Peça a um aluno ou a grupos de alunos que subam a escada.
- O esforço muscular realizado pode ser mensurado calculando o produto entre a massa dos alunos, a gravidade e a altura da escada.
- O valor encontrado corresponde aproximadamente à energia em joules empregada.

Mecânica

Atividade 13
Energia potencial e potência

Esta atividade auxilia:
- no entendimento da ação da gravidade;
- no entendimento da ocorrência de transformações de energia nos movimentos;
- na discussão do conceito de trabalho;
- no entendimento do conceito de potência.

Conteúdo
- Mecânica (dinâmica).
- Trabalho da força peso.
- Energia potencial gravitacional.
- Potência.

> **Observação**
> A divisão da energia pela variação de tempo dá-nos a energia consumida por unidade de tempo, o que corresponde ao conceito de potência.

Você vai precisar de:
- trena;
- local com uma escada;
- o valor em quilos da massa dos alunos;
- cronômetro.

Procedimento
- Meça o tamanho vertical de cada degrau da escada com a trena.
- Some esses tamanhos para obter a altura da escada.
- Peça a um aluno ou a grupos de alunos que subam a escada.
- Marque o tempo com o cronômetro.
- O esforço muscular realizado pode ser mensurado calculando o produto entre a massa dos alunos, a gravidade e a altura da escada.
- O valor encontrado corresponde aproximadamente à energia em joules empregada.
- Divida esse valor pelo tempo gasto para subir a escada.
- O valor calculado será a potência muscular em watts (joules/segundo).

Atividade 14
Conservações de movimento linear (I)

Esta atividade auxilia:
- na discussão da presença de simetria nos movimentos;
- no entendimento da terceira lei de Newton conhecida como ação e reação;
- na transferência de grandezas;
- no entendimento do conceito de conservações.

Conteúdo
- Mecânica (dinâmica).
- Leis de Newton.
- Conservações.

Você vai precisar de:
- bolinhas de gude de diferentes tamanhos;
- local com piso regular e uniforme.

> **Observação**
>
> Ao acertar a bolinha parada com outra em movimento, tem-se a transferência total da velocidade, se o choque for perfeito, ou parte dela, se ocorrer algum desvio de ângulo. Com o choque entre as duas em movimento, havendo um acerto no eixo de simetria, ocorre a inversão de sentido da velocidade. Já com bolinhas de diferentes tamanhos têm-se uma troca de grandezas e uma "compensação"; ou seja, se a bolinha parada for menor que a bolinha em movimento, a menor, ao ser atingida, sairá com maior velocidade, compensando sua menor massa, e vice-versa.

Procedimento
- Separe duas bolinhas do mesmo tamanho.
- Mantenha uma parada e empurre a outra na direção dela.
- O que ocorre com cada uma delas?
- Repita a operação com as duas sendo empurradas na mesma direção, mas em sentidos opostos.
- Repita as operações anteriores com bolinhas de diferentes tamanhos.

Mecânica

Atividade 15
Conservações de movimento linear (II)

Esta atividade auxilia:
- na discussão da presença de simetria nos movimentos;
- no entendimento da ação e reação;
- na transferência de grandezas;
- no entendimento do conceito de conservações.

Conteúdo
- Mecânica (dinâmica).
- Leis de Newton.
- Conservações.

Você vai precisar de:
- 2 réguas de 30 cm e fita adesiva;
- 10 moedas do mesmo tamanho.

> **Observação**
> Com o choque, apenas a última moeda da fileira deve mover-se, pois, em virtude da conservação do movimento linear, a velocidade é "transmitida" perfeitamente de uma moeda a outra, até que a última saia com a velocidade da moeda inicial, ao chocar-se com a primeira moeda da fileira.

Procedimento
- Fixe as duas réguas com a fita adesiva, formando entre elas um trilho. A distância entre as réguas deve ser do comprimento das moedas deitadas.
- Coloque no trilho cinco moedas enfileiradas e sem espaço entre elas, deixando uns 5 cm de espaço entre a primeira moeda da fileira e o início das réguas.
- Posicione uma moeda no início das réguas.
- Dê-lhe um rápido empurrão em direção à fileira.
- O que ocorre com as moedas?

Atividade 16
A circunferência

Mecânica

Esta atividade auxilia:
- no entendimento das características de uma circunferência;
- no cálculo do número π;
- no entendimento da relação entre comprimento linear e comprimento da circunferência.

Conteúdo
- Proporcionalidade.
- Construção de tabelas.
- Comprimento de circunferência.

Você vai precisar de:
- régua milimetrada;
- objetos circulares de diferentes tamanhos (pratos, latas, copos...);
- fio dental inextensível;
- calculadora.

Procedimento
- Construa uma tabela conforme abaixo.
- Pegue um dos objetos circulares (prato, por exemplo).
- Meça seu diâmetro (D) com o fio dental (esticar o fio de uma ponta a outra do prato, passando exatamente pelo seu centro).
- Anote a informação na tabela.
- Meça o comprimento da circunferência (C) do prato (usar o fio dental para circundar o prato e depois esticá-lo, a fim de encontrar a medida na régua).
- Anote a informação na tabela.
- Divida C por D e encontre o valor de π (aproximadamente 3,14159...).

OBJETO	PRATO	COPO	PIRES
Diâmetro (D)			
Circunferência (C)			
Valor de π (C/D)			

Observação
Pretendendo ter uma precisão maior, pode-se somar todos os resultados encontrados e dividir pelo número de medições, a fim de obter uma média.

Atividade 17
Movimento circular e linear

Esta atividade auxilia:
- no conceito de velocidade angular;
- no conceito de velocidade linear.

Conteúdo
- Movimentos circulares.

Você vai precisar de:
- ioiô.

Procedimento
- Movimentar o ioiô.
- Pedir que os alunos observem o movimento.
- Reforçar a observação dos movimentos.
- Enfatizar o deslocamento em linha do ioiô e o deslocamento em círculo em torno do seu eixo.

> **Observações**
> 1. Ao deslizar em torno do seu eixo, o ioiô desenvolve o que se chama de velocidade angular (giro).
> 2. Quando se desloca através do fio, o ioiô desenvolve sua velocidade linear (linha reta).

Atividade 18
A velocidade angular (giro do círculo)

Esta atividade auxilia:
• no entendimento da velocidade angular;
• na compreensão das medidas de ângulos;
• na compreensão das relações entre grandezas.

Conteúdo
• Distâncias angulares.
• Movimento circular.

Você vai precisar de:
• bicicleta;
• giz (ou caneta hidrográfica);
• cronômetro;
• calculadora.

Observação

Pode-se considerar o número π como 3,14. Portanto, uma volta, que em ângulo vale 360°, em radiano vale 6,28. Assim, a unidade de velocidade angular é rad/s, sendo representada pela letra grega ω (ômega).

Procedimento
• Vire a bicicleta com o guidão para baixo.
• Marque um ponto próximo ao garfo da bicicleta.
• Gire a roda e acione o cronômetro, observando o ponto marcado.
• Marque o tempo quando a roda completar uma volta.
• Repita a operação pelo menos três vezes.

Nº DE VEZES	VOLTA	TEMPO	VELOCIDADE ANGULAR (ω)
1	2π		
2	2π		
3	2π		

Atividade 19
Velocidade linear (v) e velocidade angular (ω)

Esta atividade auxilia:
- no entendimento da velocidade angular;
- no entendimento da velocidade linear;
- na compreensão da dependência das duas em relação ao raio.

Conteúdo
- Distâncias angulares.
- Distâncias lineares.
- Movimento circular.
- Relação entre velocidades.

> **Observação**
>
> A velocidade da bicicleta, para um mesmo raio, é diretamente proporcional ao giro do pneu (velocidade angular), dada pela relação matemática $v = \omega R$

Você vai precisar de:
- 2 bicicletas de tamanhos diferentes;
- giz (ou caneta hidrográfica).

Procedimento
- Marque com giz um ponto da roda próximo ao garfo em cada uma das bicicletas.
- Movimente as duas bicicletas, pedindo que os alunos observem em cada uma a roda e o movimento do ponto marcado.
- Questioná-los sobre qual das rodas precisa de um número maior de voltas para percorrer a mesma distância.
- Esclarecer que, quanto menor o raio, maior o número de voltas.
- Ressaltar que a velocidade linear (v) depende do giro do pneu (velocidade angular) e do tamanho do pneu, dado pelo raio (R).

Atividade 20
Densidade da substância

Esta atividade auxilia:
• no entendimento do conceito de densidade da substância;
• na compreensão da ideia de flutuação.

Conteúdo
• Hidrostática.
• Densidade.

Você vai precisar de:
• 2 velas;
• faca;
• 2 copos transparentes iguais;
• água;
• álcool líquido.

Procedimento
• Corte dois pedaços de vela iguais.
• Encha um copo com água e outro com álcool na mesma quantidade (pode ser um pouco mais da metade).
• Coloque um pedaço de vela no copo com água e outro no copo com álcool e observe o que acontece.

Observações

1. É importante que este experimento seja realizado com demonstração, pois utiliza materiais perigosos como faca e álcool.
2. O professor deve manter segredo em relação à identificação inicial do copo com água e do copo com álcool, pois os alunos devem investigar e perceber a diferença.
3. Na água a vela boia e no álcool ela afunda. Uma vez que a densidade da água é aproximadamente 1 g/cm^3 e a do álcool é 0,8 g/cm^3, a densidade da cera que constitui a vela é 0,9 g/cm^3 aproximadamente.
4. Corpos com densidade maior que a do fluido em que estão afundam. Com densidade igual permanecem na posição em que forem colocados e com densidade menor flutuam.
5. Pode-se variar as cores e o tamanho dos pedaços da vela para aumentar a curiosidade dos alunos em torno do experimento.

Atividade 21
Flutuação (I)

Esta atividade auxilia:
- no entendimento do conceito de densidade dos corpos;
- no entendimento do princípio de Arquimedes;
- no entendimento da força chamada empuxo.

Conteúdo
- Hidrostática.
- Densidade.
- Empuxo.

Você vai precisar de:
- garrafa de plástico tipo PET (600 ml) com tampa;
- bacia de plástico em que caiba a garrafa PET na horizontal;
- água.

Procedimento
- Encha a bacia com água em quantidade suficiente para encobrir a garrafa quando colocada horizontalmente.
- Coloque a garrafa sobre a água. Ela deve boiar.

- Force a garrafa para dentro da água. Para mantê-la submersa, será preciso fazer uma força com certa intensidade, pois a água se opõe com uma força para cima (empuxo).
- Coloque água até a metade da garrafa, tampe-a e repita as operações anteriores. Você verificará que a força feita sobre a garrafa será menor.
- Encha completamente a garrafa com água e repita a operação. Pode ser que nem seja preciso fazer força para a garrafa afundar.

> Observações
> 1. A força feita pelo líquido (empuxo) é a mesma em todas as situações, pois o volume de líquido deslocado pela garrafa é o mesmo; porém a massa da garrafa com água se altera e, consequentemente, o seu peso, facilitando a entrada da garrafa na água.
> 2. É importante perceber que o volume da garrafa se mantém constante e a sua massa vai alterando-se com a água colocada; logo a densidade do corpo (garrafa) vai alterando-se, ou seja, aumentando, pois há uma quantidade maior de massa ocupando o mesmo volume.

Hidrostática

Atividade 22
Flutuação (II)

Esta atividade auxilia:
- no entendimento do conceito de densidade dos corpos;
- na compreensão do princípio de funcionamento do submarino.

Conteúdo
- Hidrostática.
- Densidade.
- Empuxo.

Você vai precisar de:
- 5 canudos de refresco com curva (ou uma mangueira de 0,5 m aproximadamente e com diâmetro próximo ao dos canudos);
- rolo de fita-crepe;
- garrafa PET de 600 ml;
- bexiga;
- bacia de plástico em que caiba a garrafa PET na horizontal;
- água.

Procedimento
- Coloque os canudos um dentro do outro, formando um longo tubo.

- Coloque uma das extremidades dentro da boca da bexiga vazia e feche com fita-crepe.
- Coloque a bexiga dentro da garrafa PET.
- Complete a garrafa com água.
- Coloque água na bacia em quantidade que deixe a garrafa submersa quando colocada na horizontal.
- Mergulhe a garrafa dentro da bacia.
- Assopre a extremidade do canudo e observe o que acontece.

Hidrostática

> Observações
> 1. Ao inserir água na garrafa PET e colocá-la dentro da bacia com água, ela deve permanecer no fundo da bacia.
> 2. Ao assoprar o canudo, o ar entrará na bexiga, que terá o seu volume aumentado; consequentemente, a quantidade de água dentro da garrafa diminuirá, assim como o peso da garrafa, que agora tem parte de seu espaço interno ocupado por ar.
> 3. Esse é o princípio do submarino; ou seja, com a entrada de ar, o peso diminui e o empuxo, agora maior, empurra o corpo para cima. Quando se quer que o submarino submerja, retira-se o ar e completa-se o espaço com água, tornando o peso maior que o empuxo para a descida do submarino.

Atividade 23
Pressão atmosférica

Esta atividade auxilia:
- no entendimento da existência do ar;
- no entendimento da existência da pressão atmosférica.

Conteúdo
- Hidrostática.
- Pressão.
- Força.

Você vai precisar de:
- copo de vidro transparente;
- folha de papel-sulfite ou similar;
- bacia plástica;
- água.

Observações
1. Ao virar o copo, a água não cairá. Se isso não acontecer, repita a operação, certificando-se de que o copo está completamente cheio de água.
2. A água não cai porque o ar exerce uma força sobre a área determinada pelo papel na boca do copo, configurando a presença da pressão atmosférica.
3. Como uma pequena entrada de ar pode fazer a pressão interna do copo ser maior que a externa (atmosférica), é normal depois de algum tempo a água cair.

Procedimento
- Coloque água dentro do copo de vidro até enchê-lo completamente.
- Posicione a folha de papel sobre a boca do copo, tampando-a.
- Bata levemente sobre a parte do papel que cobre a boca.
- Coloque a bacia plástica sobre uma mesa ou no chão.
- Vire o copo de boca para baixo sobre a bacia e observe o que acontece.

Atividade 24
Pressão atmosférica e hidrostática (I)

Esta atividade auxilia:
- no entendimento da existência do ar;
- no entendimento da existência da pressão atmosférica;
- no entendimento do conceito de pressão hidrostática.

Conteúdo
- Hidrostática.
- Pressão.
- Força.

Você vai precisar de:
- garrafa PET de 2 litros aproximadamente;
- rolo de fita-crepe;
- prego (ou tesoura);
- bacia plástica;
- mesa;
- água.

Procedimento
- Faça três furos alinhados verticalmente na garrafa PET, com distância entre centros de cerca de 10 cm. Para isso, utilize o prego ou a tesoura.
- Feche os furos com fita-crepe.
- Encha totalmente a garrafa com água.
- Posicione a garrafa na ponta da mesa com os furos alinhados para fora.
- Coloque a bacia no chão, alinhada com os furos.
- Retire a fita-crepe dos furos simultaneamente e observe qual dos furos envia a água a maior distância.

Observações

1. O furo próximo ao fundo da garrafa enviará a água mais longe, pois tem a maior coluna de água sobre ele, ou seja, a maior pressão hidrostática.
2. Para uma visão a mais do experimento, repita a operação até o posicionamento na mesa. Ao retirar a fita-crepe, tampe a boca da garrafa e observe o que acontece. Provavelmente a água parará de cair, pois o que está empurrando a água para baixo é o ar, ou seja, a pressão atmosférica.

Hidrostática

Atividade 25
Pressão atmosférica e hidrostática (II)

Esta atividade auxilia:
- no entendimento da existência do ar;
- no entendimento da existência da pressão atmosférica;
- no entendimento do conceito de pressão hidrostática.

Conteúdo
- Hidrostática.
- Pressão.
- Força.

Você vai precisar de:
- copo de vidro transparente ou de plástico rígido;
- bacia transparente que tenha tamanho suficiente para que o copo fique por inteiro submerso;
- diversas folhas de papel;
- água.

Procedimento
- Amassar uma folha de papel e colocá-la no fundo do copo.
- Colocar água na bacia.
- Virar rapidamente o copo e introduzi-lo na bacia até o fundo sem inclina-lo, deixando-o ali por alguns segundos.
- Retirar o copo da bacia e observar o que aconteceu com o papel.

Observações

1. O papel deverá estar seco, pois o ar ocupou espaço dentro do copo, impedindo a entrada da água.
2. Se o papel estiver molhado, provavelmente isso se deva a uma pequena inclinação do copo durante a introdução. Quando isso ocorrer, repita a operação.

Atividade 26
Características do ar e da água

Esta atividade auxilia:
- no entendimento da compressibilidade do ar;
- no entendimento da incompressibilidade da água.

Conteúdo
- Hidrostática.
- Pressão.
- Força.

Você vai precisar de:
- seringa de 5 ml;
- copo;
- água.

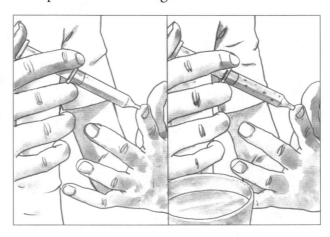

Procedimento
- Puxar o êmbolo da seringa até o limite.
- Tapar a sua ponta com um dos dedos.
- Empurrar o êmbolo e observar o que acontece.
- Colocar água no copo.
- Posicionar a ponta da seringa dentro do copo.
- Puxar o êmbolo e retirar a seringa do copo.
- Tapar a sua ponta com um dos dedos.
- Empurrar o êmbolo e observar o que acontece.

Observações

1. Na primeira parte da atividade, com ar dentro da seringa, observa-se ser possível comprimi-lo um pouco. Já na segunda parte, com água dentro da seringa, observa-se ser impossível comprimi-la. Portanto, o ar é compressível e a água incompressível.
2. Com o ar, temos o princípio de funcionamento dos equipamentos chamados de pneumáticos, que utilizam gases para transferência de força de um ponto a outro. Com a água, temos o princípio de funcionamento dos equipamentos hidráulicos, que utilizam líquidos para a transferência de força de um ponto a outro. Geralmente os equipamentos hidráulicos são utilizados quando grandes forças são necessárias. É o caso, por exemplo, dos macacos de automóveis e dos tratores.

Atividade 27
Vazão

Hidrostática

Esta atividade auxilia:
- no entendimento do conceito de vazão.

Conteúdo
- Hidrodinâmica.
- Vazão.

Você vai precisar de:
- local com uma torneira e um tanque ou pia;
- balde com volume definido;
- cronômetro.

Procedimento
- Abrir a torneira, deixando-a nem com muita água na saída nem com pouca (ou seja, deixá-la aberta pela metade).
- Posicionar o balde embaixo da torneira e acionar o cronômetro.
- Quando o balde estiver cheio, parar o cronômetro.
- Anotar os dados em uma tabela.
- Repetir essa operação pelo menos três vezes.

Nº da Medida	Volume(*)Litros	Tempo (em segundos)	Vazão = Volume/Tempo (l/s)
1			
2			
3			
Média			

* Este dado é fixo: trata-se do volume do balde escolhido.

- Após as medidas, dividir o volume pelo tempo, encontrando a vazão.
- Somar as três medidas e dividir por três; assim se encontrará a média, que é o valor aproximado da vazão daquela torneira.

Observação

Se isso for feito em casa para cada torneira e para o chuveiro, e também uma estimativa para o vaso sanitário, é possível, sabendo o tempo de uso, prever aproximadamente a conta de água. Para um valor exato, é necessário saber os impostos.

Atividade 28
Água em movimento

Esta atividade auxilia:
- no entendimento do conceito de vazão;
- no entendimento da continuidade do movimento da água.

Conteúdo
- Hidrodinâmica.
- Vazão.

Você vai precisar de:
- local aberto com mangueira fixa em uma torneira e a outra extremidade livre.

Procedimento
- Abrir a torneira para saída de água na mangueira.
- Chamar a atenção dos alunos para a constância da saída de água num intervalo de tempo.
- Com um dos dedos, tampar parte da boca da extremidade da mangueira e observar o que acontece com a velocidade da água na saída.

Observação
Como a vazão é constante, ao diminuir o diâmetro da mangueira com o dedo, a velocidade da água aumenta. Portanto, para uma mesma vazão, a velocidade e a área de secção transversal são inversamente proporcionais. Para simplificar, pode-se pensar na compensação simétrica das leis do universo: ou seja, a mesma água que sai da torneira, passando pela mangueira, também passa pela boca da mangueira, independentemente de o dedo diminuir a saída; portanto, algo se altera para compensar essa diferença – no caso, a velocidade da água.

Atividade 29
Elevador de água

Esta atividade auxilia:
- no entendimento dos princípios da hidráulica;
- no entendimento da transferência de forças.

Conteúdo
- Hidrostática.
- Princípio de Pascal.
- Pressão.

Você vai precisar de:
- seringa de injeção sem agulha de 5 ml;
- seringa de injeção sem agulha de 20 ml;
- mangueira de borracha de uso médico ("tripa de mico") ou mangueira de aquário de 20 cm aproximadamente;
- copo de 200 ml;
- água.

Procedimento
- Conecte uma das extremidades da mangueira no bico da seringa de 5 ml.
- Empurre até o fim o êmbolo da seringa de 5 ml, fechando-a completamente.

Hidrostática

- Coloque água no copo.
- Conecte a outra extremidade da mangueira no bico da seringa de 20 ml.
- Retire o êmbolo da seringa de 20 ml.
- Encha completamente de água o conjunto pela seringa de 20 ml.
- Recoloque o êmbolo na seringa de 20 ml.
- Pressione o êmbolo da seringa de 20 ml e veja o que acontece.
- Faça o contrário: pressione o êmbolo da seringa de 5 ml e veja o que ocorre.

Observações

1. Com a incompressibilidade da água, a força feita em um dos êmbolos é transferida para o outro lado; porém, como a pressão é a mesma nos dois êmbolos, a força torna-se proporcional à área de contato. Portanto, é possível fazer de um lado uma pequena força que, pela característica do líquido, ao ser transferida, aparece com valor maior.
2. É importante lembrar que pressão é uma intensidade de força em uma unidade de área. Portanto, matematicamente: pressão = força/área de contato. Exemplo: $P = 10 N/m^2$, onde N é newtons, unidade de força, e m^2 é unidade de área.
3. O princípio de Pascal é que, pela incompressibilidade dos líquidos em vasos comunicantes – nome técnico dado a esse tipo de montagem –, a pressão é a mesma dos dois lados.

Atividade 30
A órbita dos planetas

Esta atividade auxilia:
- no entendimento do formato das órbitas dos planetas;
- no entendimento do formato da elipse;
- no entendimento da posição do Sol no Sistema Solar.

Conteúdo
- Leis de Kepler.
- Gravitação universal.

Você vai precisar de:
- folha de cartolina;
- superfície lisa;
- lápis;
- apontador;
- 2 tachinhas;
- rolo de barbante (ou fio de náilon);
- régua de ao menos 30 cm.

Procedimento
- Na cartolina sobre a superfície lisa, trace uma reta no centro com 50 cm de comprimento.
- Fixe as tachinhas a 10 cm de cada extremidade da reta.
- Amarre nas tachinhas um pedaço de 40 cm de barbante.
- Coloque o lápis bem apontado ao lado do barbante, que será esticado à medida que o lápis for traçando a elipse no entorno.

> Observações
> 1. Esse é o formato da órbita dos planetas em torno de uma estrela, como os planetas do Sistema Solar em torno do Sol, ou ainda de satélites naturais, como ocorre com a Lua em torno da Terra.
> 2. Na figura formada, que retrata a linha imaginária da órbita de planetas, satélites naturais, cometas..., a estrela principal (no caso da Terra, o Sol) está posicionada em um dos focos, que no desenho são as posições das tachinhas. Portanto, pode-se afirmar de forma genérica que a elipse tem dois centros, que, quando ocupam o mesmo ponto, formam o centro do círculo.
> 3. Em muitos casos, como no da Terra, a excentricidade é pequena, ou seja, a órbita é pouco elíptica. Sendo assim, a representação circular da órbita é uma boa aproximação.

Gravitação

Atividade 31
O dia e a noite

Esta atividade auxilia:
- no entendimento da formação do dia e da noite;
- no entendimento da posição da Terra em relação ao Sol;
- no entendimento do movimento de rotação da Terra.

Conteúdo
- Gravitação universal.

Você vai precisar de:
- retroprojetor (ou lanterna grande);
- bola de isopor do tamanho aproximado de uma bola de futebol;
- sala escura;
- 2 pedaços rígidos de arame (ou agulhas de tricô) de 10 cm aproximadamente;
- mesa.

Procedimento
- Espete os arames nos "polos" da bola.
- Ligue o retroprojetor, apontando-o para uma parede, e desligue a luz da sala.
- Posicione a bola em frente do retroprojetor, segurando-a, perpendicularmente em relação ao solo, pelos arames nos polos e incline levemente o arame superior para trás, afastando-o do retroprojetor.
- Observe que um lado da bola fica iluminado e o outro fica escuro, o que corresponderia respectivamente ao dia e à noite.

Atividade 32
Gnômon: o relógio de sol

Esta atividade auxilia:
- no entendimento da marcação do tempo e sua relação com a observação do céu;
- no entendimento do movimento dos astros.

Conteúdo
- Gravitação universal.
- Propagação da luz.
- Tempo.

Você vai precisar de:
- vareta de madeira;
- lápis (ou canetinha);
- cartolina;
- sol.

Procedimento
- Em um dia de sol, escolha um horário na manhã e coloque a vareta de pé no centro da cartolina.
- Observe a sombra formada e, com o lápis, faça um traço sobre a sombra em toda a sua extensão.
- Pode-se repetir esse procedimento de hora em hora, confeccionando um relógio.

Observações
1. Pode-se repetir o procedimento durante todo o ano para observar as mudanças de posição e de comprimento da sombra nas diferentes épocas.
2. Para uma visão diferente, pode-se marcar uma hora pela manhã e, tendo a sombra como raio, traçar uma circunferência. Observando a vareta no período da tarde, buscar a hora em que a sombra coincide com o raio da circunferência e traçá-la. Com isso, o traço da sombra da manhã e o traço da sombra da tarde formam um ângulo, cuja bissetriz (reta que divide o ângulo pela metade) corresponde ao meio-dia.

Gravitação

Atividade 33
A sombra vista fora da Terra

Esta atividade auxilia:
- no entendimento do formato e direção das sombras;
- no entendimento da intensidade dos raios solares.

Conteúdo
- Gravitação universal.
- Propagação da luz.

Você vai precisar de:
- retroprojetor (ou lanterna grande);
- bola de isopor do tamanho aproximado de uma bola de futebol;
- prego (ou alfinete);
- sala escura;
- 2 pedaços rígidos de arame (ou agulhas de tricô) de 10 cm aproximadamente;
- canetinha;
- mesa.

Procedimento
- Faça uma marca na bola de isopor com a canetinha, dividindo-a horizontalmente em dois pedaços iguais. Essa marca representa a linha do equador, que divide a Terra em dois hemisférios.
- Espete o prego em um dos "hemisférios" da bola.
- Espete os arames nos "polos" da bola.
- Ligue o retroprojetor, apontando-o para uma parede, e desligue a luz da sala.

Observações

1. A observação da sombra fornece-nos uma dimensão da intensidade solar e da inclinação dos raios solares em diferentes pontos do planeta.
2. Ao girar a bola, é possível simular o nascer e o pôr do sol em diferentes lugares do planeta. Basta girá-la vagarosamente e observar o desaparecimento da sombra. Assim, quando a sombra do prego estiver em oposição ao Sol, naquele lugar estará começando a noite.
3. Para uma visão a mais, pode-se posicionar o prego na linha do equador e observar sua sombra, assim como posicioná-lo nos polos e observar sua sombra.

- Posicione a bola em frente do retroprojetor, segurando-a, perpendicularmente em relação ao solo, pelos arames nos polos e incline levemente o arame superior para trás, afastando-o do retroprojetor.
- Observe a sombra do prego espetado.
- Gire a bola vagarosamente no sentido anti-horário e observe a sombra do prego.
- Troque o prego de hemisfério e repita as operações anteriores, observando o que acontece com a sombra dele.
- Mantendo o prego fixo, incline a bola para a frente e repita os procedimentos anteriores e as observações.

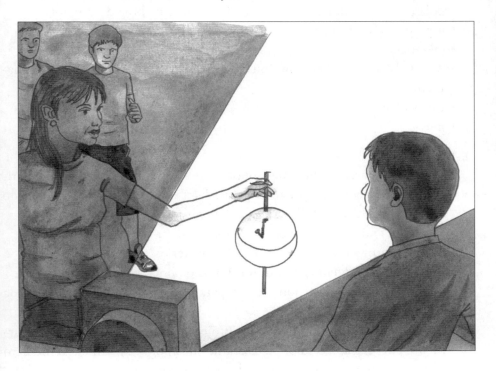

Gravitação

Atividade 34
As estações do ano

Esta atividade auxilia:
- no entendimento do formato e direção das sombras;
- no entendimento da intensidade dos raios solares.

Conteúdo
- Gravitação universal.
- Propagação da luz.
- Estações do ano.

Você vai precisar de:
- retroprojetor (ou lanterna grande);
- bola de isopor do tamanho aproximado de uma bola de futebol;
- 4 pregos (ou alfinetes);
- sala escura;
- 2 pedaços rígidos de arame (ou agulhas de tricô) de 10 cm aproximadamente;
- canetinha;
- mesa.

Procedimento
- Faça uma marca na bola de isopor com a canetinha, dividindo-a horizontalmente em dois pedaços iguais. Essa marca representa a linha do equador, que divide a Terra em dois hemisférios.
- Espete os arames nos "polos" da bola.
- Espete um prego em cada um dos "hemisférios" da bola.
- Espete um prego em cada um dos polos da bola, próximo aos arames.
- Ligue o retroprojetor, apontando-o para uma parede, e desligue a luz da sala.
- Posicione a bola em frente do retroprojetor, segurando-a, perpendicularmente em relação ao solo, pelos arames nos polos e incline levemente o arame superior para trás, afastando-o do retroprojetor.
- Observe a sombra do prego espetado no hemisfério de cima e no hemisfério de baixo. Naquele em que a sombra for maior é inverno, com pouca intensidade solar; no hemisfério em que a sombra for menor é verão. Nos polos, é possível perceber que um recebe sol, estando no verão polar, e o outro não recebe sol, estando no inverno polar.

- Posicione novamente a bola em frente do retroprojetor, segurando-a, perpendicularmente em relação ao solo, pelos arames nos polos e incline levemente o arame superior para um dos lados em relação ao retroprojetor.
- Observe a sombra do prego espetado no hemisfério de cima e no hemisfério de baixo. Elas têm o mesmo tamanho, sendo em um dos hemisférios outono (estação precedente ao inverno) e no outro primavera (estação precedente ao verão). Nos polos também é um momento de transição para o inverno ou o verão.

Observações

1. As estações do ano têm duração aproximada de três meses e cada uma delas apresenta uma característica predominante. Ou seja, no inverno, por exemplo, tem-se predominantemente frio, porém isso não impede o aparecimento de dias quentes.
2. O principal fator de produção das diferentes estações é o eixo de inclinação da Terra, em torno de 23,5°.
3. Outono e primavera são estações em que a intensidade solar é aproximadamente igual, possibilitando dias e noites com a mesma duração. Já no verão os dias são mais longos que as noites, e no inverno isso se inverte.

Gravitação

Atividade 35
Fases da lua e os eclipses

Esta atividade auxilia:
- no entendimento das diferentes formas da Lua vistas no céu;
- no entendimento da formação de eclipses.

Conteúdo
- Gravitação universal.
- Propagação da luz.

Você vai precisar de:
- retroprojetor (ou lanterna grande);
- globo terrestre (ou bola de isopor) do tamanho aproximado de uma bola de futebol;
- bola de tênis (ou de isopor, de tamanho análogo);
- rolo de barbante;
- sala escura;
- mesa.

Procedimento
- Ligue o retroprojetor, apontando-o para uma parede, e desligue a luz da sala.

- Posicione o globo terrestre em frente do retroprojetor.
- Amarre a bola de tênis com um pedaço de barbante, formando um pêndulo.
- Posicione a bola de tênis atrás do globo terrestre, fora da sombra projetada na parede. Essa é a lua cheia.
- Posicione a bola de tênis abaixo do globo terrestre. Essa é a lua em quarto minguante.
- Posicione a bola de tênis entre o retroprojetor e o globo terrestre. Essa é a lua nova.
- Posicione a bola de tênis acima do globo terrestre. Essa é a lua em quarto crescente.

Observações

1. Quando a bolinha de tênis é posicionada atrás do globo terrestre, na sombra da sua sombra, tem-se o eclipse lunar total. Na penumbra ele será parcial.
2. Quando a bolinha de tênis é posicionada entre o retroprojetor e o globo terrestre, e a sombra da bolinha, que representa a Lua, se projeta no globo, configura-se um eclipse solar.

Gravitação

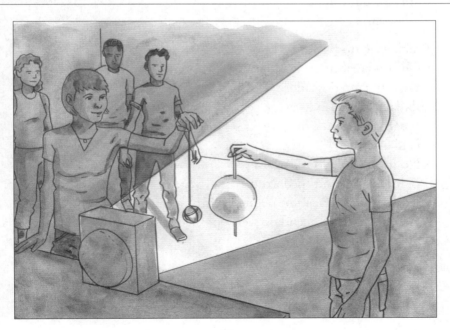

Atividade 36
A câmara escura

Esta atividade auxilia:
- no entendimento da formação de imagens;
- na compreensão da propagação da luz;
- na compreensão da relação de proporcionalidade entre o objeto e sua imagem.

Conteúdo
- Óptica geométrica.
- Propagação da luz.

Você vai precisar de:
- lata de conserva vazia;
- folha de papel-vegetal;
- elástico;
- prego;
- vela;
- fósforo;
- martelo;
- abridor de latas;
- sala escura.

> **Observações**
> 1. A imagem observada estará invertida em relação à posição do objeto (no caso, a vela). É algo semelhante ao que ocorre no olho humano, considerando que o furo corresponde ao cristalino e o papel-vegetal à retina.
> 2. Deve-se ter cuidado nesse experimento, pois muitos materiais são perigosos. Uma alternativa, para salas maiores, é pedir que os alunos tragam de casa a lata cortada e furada pelos pais ou responsáveis. Além disso, o professor pode utilizar o recurso da demonstração.

Procedimento
- Com o abridor de latas, retire um dos lados da lata, martelando as rebarbas para evitar acidentes.

- No lugar do lado retirado, coloque um pedaço de papel-vegetal e prenda-o com elástico.
- Com o prego, faça um pequeno furo no outro lado da lata.
- Na sala escura, acenda a vela, posicione-a próxima ao furo na lata e observe o outro lado.

Óptica/Ondulatória

Atividade 37
A independência dos raios

Esta atividade auxilia:
- no entendimento da trajetória dos raios de luz;
- na compreensão da não interferência de um raio sobre o outro.

Conteúdo
- Óptica geométrica.
- Propagação da luz.

Você vai precisar de:
- 2 lanternas de mesmo tamanho e lâmpadas da mesma cor;
- lanterna diferente das anteriores no tamanho e na cor da lâmpada;
- sala escura.

Procedimento
- Acenda as lanternas de mesmo tamanho e cor.
- Aponte uma lanterna em determinada direção.
- Aponte a outra na direção oposta, de forma que os raios de luz se cruzem.
- Observe que a trajetória do raio de luz da primeira lâmpada não se altera.
- Repita as operações anteriores com a lanterna diferente e observe que o caminho da luz é o mesmo.

Óptica/Ondulatória

Atividade 38
A luz como partícula

Esta atividade auxilia:
- no entendimento da característica corpuscular da luz.

Conteúdo
- Óptica física.
- Propagação da luz.

Você vai precisar de:
- *laser pointer*;
- pó de giz;
- sala escura.

Procedimento
- Acione o *laser pointer*.
- Apague a luz da sala.

Observações

1. O *laser pointer* geralmente emite raios de cor vermelha e pode ser encontrado em papelarias. Deve-se evitar que seja apontado para os olhos.
2. A luz possui uma característica dual, isto é, pode ser entendida como uma onda eletromagnética semelhante às ondas de TV e de celular ou como um feixe formado por partículas chamadas fótons. O comportamento observado depende do experimento realizado.
3. É importante salientar que não é possível enxergar os fótons e que o pó de giz ajuda apenas como metáfora.

- Jogue pó de giz na trajetória do raio do *laser pointer*.
- Observe que é possível ver o raio em meio ao pó de giz.
- Chamar a atenção dos alunos para as partículas do ar, procurando apresentar a luz como um feixe de partículas.

Óptica/Ondulatória

Atividade 39
A reflexão da luz

Esta atividade auxilia:
• no entendimento da trajetória dos raios de luz;
• no entendimento do fenômeno da reflexão.

Conteúdo
• Óptica geométrica.
• Propagação da luz.
• Reflexão da luz.

Você vai precisar de:
• *laser pointer*;
• pó de giz;
• sala escura;
• pedaço de espelho;
• mesa.

Procedimento
• Posicione o espelho sobre a mesa.
• Acione o *laser pointer*.
• Apague a luz da sala.
• Aponte o *laser pointer* em direção do espelho com uma inclinação.
• Jogue pó de giz na trajetória do raio do *laser pointer*.
• Observe que existe uma simetria entre o raio que sai do *laser pointer* (incidente) e o que reflete no espelho (refletido).

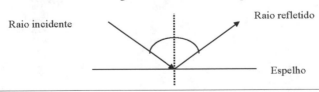

Observação

A simetria pode ser explicada pelas leis da reflexão da luz, ou seja, o ângulo de incidência e o de reflexão são iguais, além de fazerem parte do mesmo plano.

Óptica/Ondulatória

Atividade 40
As cores

Esta atividade auxilia:
- no conhecimento das cores do arco-íris;
- no entendimento da natureza das cores.

Conteúdo
- Óptica física.
- Cores.

> **Observações**
>
> 1. A soma de todas as cores resulta no branco. No caso do arco-íris, há sete cores (não utilizamos o anil).
> 2. Pode-se também adaptar um velho ventilador, pregando a cartolina na hélice, com melhores resultados para os objetivos da atividade.

Você vai precisar de:
- cartolina branca;
- lápis;
- sala escura;
- caixa de lápis de cor (ou canetas hidrográficas);
- mesa;
- tesoura.

Procedimento
- Recorte um disco de 5 cm de raio.
- Divida-o em seis setores iguais.
- Pinte cada um com as seguintes cores: vermelho, alaranjado, amarelo, verde, azul, violeta.
- Faça um pequeno furo no centro e passe o lápis por ele.
- Apoie o lápis na borda da mesa e gire o disco rapidamente; observe que ele fica praticamente branco.

Atividade 41
A refração da luz (I)

Esta atividade auxilia:
- no entendimento do comportamento da luz ao mudar de meio;
- no entendimento da formação de imagens em instrumentos ópticos.

Conteúdo
- Óptica geométrica.
- Refração da luz.

Você vai precisar de:
- *laser pointer*;
- pequeno aquário de vidro (ou tigela de vidro transparente);
- sala escura;
- pó de giz ou leite;
- água.

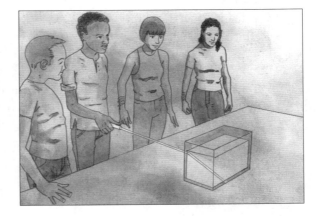

Procedimento
- Coloque água no aquário.
- Adicione leite ou pó de giz para que a água fique branca.
- Aponte e acione o *laser pointer* em direção da água com leve inclinação.
- Jogue pó de giz na parte do raio que está fora da água.
- Apague a luz e observe a trajetória do raio dentro e fora do líquido.
- Varie levemente o ângulo de incidência.

Observações

1. A trajetória do raio de luz altera-se dentro da água (a função do leite ou pó de giz é apenas de permitir que o raio seja visualizado). Ocorrem, dentro do líquido, uma variação do ângulo de refração e uma mudança na velocidade da luz, a qual diminui, pois a água é um meio mais refringente (ela freia a luz).
2. A velocidade da luz no ar é de aproximadamente 300.000 km/s.
3. Esse processo de refração, em que a luz muda de velocidade e pode sofrer um desvio, ocorre também nos olhos, que possuem líquidos no seu interior (humor vítreo e aquoso). Assim, ele se revela de fundamental importância para entender a formação de imagens nos olhos.

Óptica/Ondulatória

Atividade 42
A refração da luz (II)

Esta atividade auxilia:
- no entendimento do comportamento da luz ao mudar de meio;
- no entendimento da formação de imagens em instrumentos ópticos.

Conteúdo
- Óptica geométrica.
- Refração da luz.

Você vai precisar de:
- copo transparente;
- colher;
- água.

> **Observação**
> A trajetória do raio de luz altera-se ao sair da água, por esse motivo é que a colher parece quebrada. Isso se deve ao fenômeno da refração da luz.

Procedimento
- Coloque água no copo.
- Coloque a colher no copo.
- Observe de diferentes ângulos que a colher parece quebrada.

Atividade 43
A onda mecânica (I)

Esta atividade auxilia:
- no entendimento da formação de ondas transversais;
- no entendimento da transferência de energia sem matéria.

Conteúdo
- Ondulatória.

Você vai precisar de:
- corda de ao menos 3 m;
- local para amarrá-la (pode ser na maçaneta da porta).

Procedimento
- Amarrar uma das extremidades da corda na maçaneta da porta.
- Na outra extremidade, provocar uma oscilação.
- Observar a direção da onda e sua propagação.

> **Observações**
> 1. Essa é uma onda mecânica; como tal, caracteriza-se por levar energia. No caso, a maçaneta sofre um esforço com a chegada do pulso.
> 2. Como o pulso sobe e desce e segue em frente, essa onda é conhecida como transversal. Nela, o pulso é perpendicular à direção de propagação da onda (ou seja, forma um ângulo de 90º com a direção de propagação).

Óptica/Ondulatória

Atividade 44
A onda mecânica (II)

Esta atividade auxilia:
- no entendimento da formação de ondas longitudinais;
- no entendimento da transferência de energia sem matéria.

Conteúdo
- Ondulatória.

Você vai precisar de:
- mola semelhante às de encadernação.

Procedimento
- Segure a mola com as duas mãos, sendo uma em cada extremidade.
- Provoque algumas oscilações.
- Observe a direção da onda e sua propagação.

Observações

1. Essa é uma onda mecânica; como tal, caracteriza-se por levar energia.
2. Como o pulso vai para a frente e para trás e segue em frente, essa onda é conhecida como longitudinal. Nela, o pulso ocorre na mesma direção de propagação da onda.

Atividade 45
A onda mecânica (III)

Esta atividade auxilia:
- no entendimento da formação de ondas mistas;
- no entendimento da transferência de energia sem matéria.

Conteúdo
- Ondulatória.

Você vai precisar de:
- bacia grande;
- água;
- pequenos pedaços de pedra.

> **Observações**
> 1. Essa é uma onda mecânica; como tal, caracteriza-se por levar energia.
> 2. Como o pulso vai para a frente e para trás, sobe e desce, seguindo em frente, essa onda é conhecida como mista (longitudinal e transversal).

Procedimento
- Colocar água na bacia e aguardar o seu repouso.
- Soltar uma pedra no centro da bacia e observar as ondas formadas.

Óptica/Ondulatória

Atividade 46
A onda mecânica (IV)

Esta atividade auxilia:
- no entendimento da formação de ondas sonoras.
- no entendimento da propagação do som.

Conteúdo
- Ondulatória.

Você vai precisar de:
- 2 copos plásticos (ou de iogurte) vazios;
- rolo de barbante;
- prego (ou tesoura).

Procedimento
- Faça um orifício na base dos copos.
- Corte 5 metros de barbante.
- Passe pelo orifício de cada um dos copos uma das extremidades do barbante.
- Amarre internamente para que o barbante não escape.
- Uma pessoa fala de um lado e a outra escuta do outro.
- Perceba a eficiência do dispositivo, falando não muito alto dentro do copo.

Observações
1. A onda que se propaga pelo fio é o som, uma onda mecânica. Esse tipo de onda necessita de um meio material para sua propagação, ou seja, ar, líquido ou sólido. Portanto, essa onda não se propaga no vácuo.
2. Nos sólidos o som se propaga com maior velocidade que no ar e nos líquidos.

Atividade 47
A sensação térmica

Esta atividade auxilia:
- no entendimento do conceito de temperatura;
- no entendimento das limitações do sentido humano.

Conteúdo
- Termologia.

Você vai precisar de:
- 3 bacias com água gelada, morna e quente;
- mesa.

> **Observação**
> O sentido humano é limitado para perceber com precisão a temperatura, pois o calor depende da variação de temperatura, que é diferente na superfície de cada uma das mãos.

Procedimento
- Coloque as duas mãos na bacia de água morna. Observe que a sensação é a mesma nas duas mãos.
- Retire as mãos da bacia de água morna.
- Coloque uma mão na bacia de água gelada e outra na bacia de água quente por 30 segundos.
- Retire as mãos, recoloque as duas na água morna e observe a diferença de sensação.

Termologia/Termodinâmica

Atividade 48
A refrigeração

Esta atividade auxilia:
- no entendimento do conceito de calor específico;
- no entendimento dos sistemas de refrigeração das máquinas.

Conteúdo
- Termologia.
- Termodinâmica.

Você vai precisar de:
- 2 bexigas;
- vela;
- água;
- fósforo.

Observações
1. O ar, ao ser aquecido, dilata-se, aumentando a pressão. Por isso a primeira bexiga estoura com facilidade.
2. Com água também ocorre uma dilatação, porém ela é muito menor, e na região de aquecimento a temperatura na bexiga vai diminuindo com a transferência de calor para a água. É possível ferver a água sem estourar a bexiga, pois a temperatura de fusão da borracha é maior que a da água, em torno de 139°C. Basta utilizar um suporte metálico para manter a bexiga a uma distância constante da chama.
3. É aproximadamente dessa forma que funciona o sistema de refrigeração dos carros.

Procedimento
- Encha a bexiga com ar.
- Acenda a vela.
- Segure a bexiga pela boca e aproxime-a vagarosamente da chama. Provavelmente ela vai estourar.
- Coloque um pouco de água na outra bexiga e encha o restante com ar.
- Aproxime-a vagarosamente da chama da vela. Perceba que ela não vai estourar com a mesma facilidade.

Atividade 49
Fervendo água no papel

Esta atividade auxilia:
- no entendimento do conceito de calor específico;
- no entendimento da temperatura de fusão de diferentes materiais.

Conteúdo
- Termologia.
- Termodinâmica.
- Calor específico.

Você vai precisar de:
- copo de papel;
- diversos pedaços de arame (ou fio de cobre) que possam ser dobrados com a mão;
- água;
- vela;
- pires;
- fósforo;
- alicate.

Observações
1. Deve-se ter cuidado com a formatação do suporte, especialmente com sua sustentação, e com a altura do copo com água, para que não fique nem abaixo nem muito acima do estipulado. A posição da chama deve ser no centro do copo.
2. Certifique-se de que o copo é de papel. A água ferve primeiro porque o seu ponto de ebulição é 100°C ao nível do mar. Na cidade de São Paulo, por exemplo, esse valor é aproximadamente 96°C. A temperatura de combustão do papel é cerca de 230°C. Assim, os materiais água e papel necessitam de uma quantidade diferente de calor por unidade de massa e temperatura para aquecerem e, portanto, possuem calores específicos diferentes.
3. Esta atividade deve ser realizada pelo professor com demonstração.

Procedimento
- Com o fio de arame, faça uma forma circular com diâmetro tal, que permita o encaixe do copo nela.
- Ainda com o arame, faça três ou quatro pequenos eixos que encaixem na forma circular como se fossem pernas, formando um

suporte para o copo. A altura desse suporte deve ser maior que a da vela acesa e em pé no pires.
- Encha o copo com água e coloque-o no suporte.
- Posicione a vela embaixo do suporte.
- Observe até a água ferver.

Atividade 50
Condução de calor

Esta atividade auxilia:
• no entendimento do conceito de condução de calor nos sólidos.

Conteúdo
• Termologia.
• Condução de calor.
• Transferência de calor.

Você vai precisar de:
• pedaço de arame (ou fio de cobre) dobrável;
• vela;
• massa de modelar;
• fósforo.

Procedimento
• Dobre o arame em forma de L e fixe o comprimento menor na massa de modelar, que funcionará como suporte.
• Na parte maior do L, que agora está na horizontal, fixe um pequeno pedaço de massinha próximo da ponta.
• Acenda a vela, posicionando-a abaixo do L próximo ao canto, e observe que, depois de um pouco de tempo, a massinha se soltará do arame, que está aquecido.

Observações

1. O calor transfere-se do canto próximo à vela até a parte em que se encontra o pedaço de massinha. Essa transferência ocorre por meio da agitação molecular do arame, ou seja, uma molécula esquenta e transfere o calor para outra até o limite do arame. Pode ser que a massinha que serviu de suporte também seja afetada pelo calor.
2. Esse processo de transferência de calor, chamado de condução, ocorre com eficiência maior nos sólidos e, no dia a dia, pode ser observado em uma panela que aquece no fogo ou no ferro de passar roupa.
3. Essa atividade deve ser realizada pelo professor com demonstração.

Atividade 51
Convecção de calor

Esta atividade auxilia:
- no entendimento do conceito de convecção de calor.

Conteúdo
- Termologia.
- Convecção de calor.
- Transferência de calor.

Você vai precisar de:
- pedaço de arame (ou fio de cobre);
- vela;
- massa de modelar;
- fósforo;
- folha de sulfite;
- lápis;
- tesoura.

Procedimento
- Faça uma espiral (caracol) no papel-sulfite.
- Recorte-o, formando uma espiral de papel, como uma pequena mola.
- Faça um suporte com a massa de modelar e coloque nele um pedaço de arame como se fosse um pequeno poste.
- Fixe uma ponta da espiral na parte superior do arame, enrolando-a no seu entorno.
- Acenda a vela e posicione-a ao lado do arame. Deve-se atentar para a altura da vela e do arame, a fim de que a espiral solta seja menor que o arame e não toque na chama da vela.
- Observe o que ocorre.

> **Observação**
> Perceba que a espiral vai flutuar um pouco, pois o ar quente próximo à vela subirá, por ter uma densidade menor que o ar frio, transferindo calor por meio da movimentação do fluido – no caso, o ar. Esse tipo de processo chama-se convecção de calor e ocorre nos fluidos (gases e líquidos). É algo semelhante às correntes de ar que sustentam uma asa-delta ou resfriam os ambientes por meio do ar-condicionado ou ainda às correntes de água que transferem calor quando fervidas na panela.

Atividade 52
Irradiação de calor

Esta atividade auxilia:
- no entendimento do conceito de irradiação de calor.

Conteúdo
- Termologia.
- Irradiação de calor.
- Transferência de calor.

Você vai precisar de:
- 2 termômetros de -10°C até 100°C;
- suporte com lâmpada de no mínimo 100 W;
- mesa.

> **Observação**
> O termômetro que ficar embaixo da lâmpada terá sua temperatura aumentada mais rapidamente que o termômetro fora do alcance da lâmpada, pois o calor da lâmpada é transferido por meio de raios infravermelhos, ou seja, por meio do processo de irradiação de calor. Nesse processo, o calor é transferido por intermédio de ondas eletromagnéticas e, portanto, não necessita de meio material.

Procedimento
- Ligue o suporte com lâmpada na tomada.
- Posicione um termômetro abaixo da lâmpada e outro longe da lâmpada.
- Observe, em intervalos regulares, a variação de temperatura nos dois termômetros.

Atividade 53
Efeito estufa

Esta atividade auxilia:
• no entendimento do conceito de irradiação de calor e efeito estufa.

Conteúdo
• Termologia.
• Irradiação de calor.
• Transferência de calor.

Você vai precisar de:
• 2 termômetros de -10°C até 100°C;
• 2 suportes com lâmpada de no mínimo 100 W;
• mesa;
• bacia de plástico;
• rolo de plástico transparente.

> **Observação**
>
> O plástico que cobre a bacia faz o papel das nuvens, retendo parte do calor e propiciando uma temperatura maior. Chamado de efeito estufa, esse é um processo natural e fundamental para ter água no estado líquido, algo essencial à vida.

Procedimento
• Posicione um dos termômetros abaixo de um dos suportes com lâmpada.
• Coloque o outro termômetro dentro da bacia, cubra a superfície com plástico e posicione a bacia abaixo do suporte com a outra lâmpada.
• Ligue os suportes com lâmpada na tomada.
• Deixe-os ligados de 30 a 60 minutos, observando e anotando a variação de temperatura.
• Desligue os dois suportes após o mesmo intervalo de tempo.
• Observe a temperatura e note que o termômetro dentro da bacia tem uma temperatura maior.

Atividade 54
Pressão, volume e temperatura

Esta atividade auxilia:
• no entendimento da relação entre pressão, volume e temperatura de um gás.

Conteúdo
• Termologia.
• Termodinâmica.
• Transferência de calor.

Você vai precisar de:
• vela;
• copo maior que a vela;
• prato;
• fósforo (ou isqueiro);
• água.

Observação
A água vai subir para dentro do copo. Uma vez que a vela vai apagar-se com a transformação do oxigênio em gás carbônico e a temperatura do gás vai diminuir, a pressão no interior do copo também diminui, assim como o volume do gás.

Procedimento
• Acenda a vela e fixe-a no prato.
• Preencha o fundo do prato com água.
• Tampe a vela com o copo.
• Observe o que ocorre com a água.

Atividade 55
Eletrostática

Esta atividade auxilia:
- no entendimento do conceito de força elétrica e campo elétrico;
- na concepção atômica da matéria.

Conteúdo
- Eletrostática.
- Força elétrica.
- Campo elétrico.

Você vai precisar de:
- saco de canudos de plástico;
- flanela.

Procedimento
- Com a flanela, atrite um canudo várias vezes.
- Aproxime-o de uma parede e perceba que ficará grudado.
- Repita a operação com outros canudos e grude-os na parede.

Observações

1. Com o atrito são retirados elétrons do canudo, deixando-o eletricamente negativo. Um corpo com carga elétrica gera no seu entorno uma região (campo elétrico) propícia à ação de força elétrica. Portanto, ao aproximarmos o canudo da parede, a força elétrica de atração age sobre ela, fazendo o canudo ficar grudado.
2. Outra forma de explicar é pensar que corpos com cargas elétricas opostas se atraem. Assim, como o canudo fica com carga elétrica negativa, atrai, ao aproximar-se da parede, as cargas positivas dela e realiza-se a atração.

Eletromagnetismo

Atividade 56
Desviando água

Esta atividade auxilia:
- no entendimento do conceito de força elétrica e campo elétrico;
- na concepção atômica da matéria.

Conteúdo
- Eletrostática.
- Força elétrica.
- Campo elétrico.

Você vai precisar de:
- seringa de 20 ml;
- bacia plástica;
- régua plástica;
- água.

> **Observação**
> Ao atritar a régua no cabelo, provoca-se um desequilíbrio de cargas e, consequentemente, o aparecimento de um campo elétrico. Ao aproximá-la do filete de água, que cai sob a ação da gravidade, o campo elétrico gerado pela régua propicia a ação de uma força elétrica dela sobre as moléculas de água, desviando o seu caminho.

Procedimento
- Encha a seringa com água.
- Posicione a seringa sobre a bacia plástica e aperte-a, deixando a água formar um filete.
- Atrite a régua no cabelo.
- Aproxime a régua do filete de água sem tocá-la.
- Observe o desvio da água.

Atividade 57
A corrente elétrica

Esta atividade auxilia:
- no entendimento do conceito de corrente elétrica;
- no entendimento do conceito de ligação elétrica.

Conteúdo
- Eletrodinâmica.
- Corrente elétrica.

Você vai precisar de:
- 2 lâmpadas de lanterna de 1,5 V com soquete;
- 2 pilhas comuns de 1,5 V;
- fios de cobre para ligação;
- fita-crepe.

> **Observação**
>
> As pilhas são fonte geradora de corrente elétrica, definida como um fluxo de elétrons através do fio em uma unidade de tempo, os quais atravessam as lâmpadas, acendendo-as. Quando ligamos uma lâmpada à outra, chamamos a ligação de série.

Procedimento
- Junte as pilhas pelos seus polos (o positivo de uma com o negativo da outra).
- Passe fita-crepe no centro da ligação.
- Ligue com um pedaço de fio os soquetes das lâmpadas.
- Com outro pedaço de fio ligue cada lado restante dos soquetes no polo das pilhas.
- Observe que a lâmpada acende.

Eletromagnetismo

Atividade 58
O eletroímã

Esta atividade auxilia:
- no entendimento da relação entre corrente elétrica e campo magnético;
- no entendimento do conceito de força magnética.

Conteúdo
- Eletromagnetismo.
- Campo magnético.
- Corrente elétrica.

Você vai precisar de:
- pilha comum de 1,5 V;
- um pouco de clipes;
- fio de cobre fino;
- fita-crepe;
- prego (ou parafuso).

Procedimento
- Deixando uma ponta de aproximadamente 4 cm de cada lado, enrole o fio de cobre no prego.
- Fixe com fita-crepe cada uma das pontas na pilha, ficando uma no polo positivo e outra no polo negativo.
- Aproxime o prego dos clipes e observe que são atraídos.

> **Observações**
> 1. A corrente elétrica que atravessa o fio de cobre gera no seu entorno um campo magnético, transformando o prego em um eletroímã, ou seja, um metal que não possui característica magnética, porém, ao ser introduzido no interior de uma espiral metálica submetida à ação de uma fonte elétrica, apresenta propriedades similares às de um ímã.
> 2. Assim, o campo elétrico, gerado por uma corrente elétrica, provoca o aparecimento de um campo magnético no seu entorno. Um campo magnético variável no tempo também gera no seu entorno um campo elétrico, produzindo corrente elétrica. Esse é o princípio de funcionamento do gerador elétrico.

Eletromagnetismo

Atividade 59
A bússola desorientada

Esta atividade auxilia:
- no entendimento da relação entre corrente elétrica e campo magnético;
- no entendimento do conceito de força magnética;
- no entendimento do funcionamento de uma bússola.

Conteúdo
- Eletromagnetismo.
- Campo magnético.
- Corrente elétrica.

Você vai precisar de:
- pilha comum de 1,5 V;
- fio de cobre para ligação elétrica;
- fita-crepe;
- bússola;
- tesoura.

Procedimento
- Corte um pedaço de fio de cobre de aproximadamente 20 cm.
- Fixe com fita-crepe uma ponta em cada polo da pilha.
- Aproxime a bússola do fio, colocando-a ao seu lado.
- Observe que a bússola se desorienta.

Observação
Como o planeta Terra é um grande ímã, tendo polos norte e sul (magnéticos), a bússola orienta-se por eles, ou seja, o polo norte da bússola aponta para o sul magnético, que corresponde ao Norte geográfico que conhecemos. Porém, quando aproximamos a bússola de um fio atravessado por corrente elétrica, a bússola orienta-se de acordo com o campo magnético provocado por essa corrente, o qual (em virtude também da proximidade) é mais intenso do que os polos magnéticos terrestres.

Eletromagnetismo

Atividade 60
Calando um celular

Esta atividade auxilia:
- no entendimento do conceito de onda eletromagnética;
- no entendimento do funcionamento de uma blindagem metálica.

Conteúdo
- Eletromagnetismo.
- Campo elétrico.

Você vai precisar de:
- 2 celulares em funcionamento;
- saco plástico;
- folha de papel-alumínio.

Procedimento
- Faça uma ligação de um celular para o outro, constatando o seu perfeito funcionamento.

> **Observação**
>
> Como os celulares se comunicam mediante ondas eletromagnéticas – ou seja, ondas que se propagam em virtude da ação de campos elétricos e magnéticos oscilantes, propagando-se também no vácuo –, dentro do saco plástico a ligação é normal. Contudo, dentro dos metais (folha de alumínio), o campo elétrico é nulo, impossibilitando a ligação. Portanto, a folha de alumínio funciona como uma blindagem metálica.

- Coloque um dos celulares dentro do saco plástico e faça novamente uma ligação. Você escutará o celular tocar.
- Enrole no papel-alumínio o celular que estava dentro do saco plástico.
- Faça uma ligação para esse celular e constate que receberá uma mensagem de fora de área.

Bibliografia

ALMEIDA, M. J. P. M. *Discursos da ciência e da escola*: ideologia e leituras possíveis. Campinas: Mercado de Letras, 2004.

BACHELARD, G. *A formação do espírito científico*. Tradução de E. S. Abreu. Rio de Janeiro: Contraponto, 1996.

BOCZKO, Roberto. *Conceito de astronomia*. São Paulo, Blucher, 1984.

EINSTEIN, A.; INFELD, L. *A evolução da física*. Tradução de G. Rebuá. 4. ed. Rio de Janeiro: Zahar, 1980.

FERRARO, Nicolau G. et al. *Física, ciência e tecnologia*. São Paulo: Moderna, 2001.

FREIRE, P. *Pedagogia do oprimido*. 43. ed. Rio de Janeiro: Paz e Terra, 2005.

_____. *Extensão ou comunicação?* Tradução de R. D. de Oliveira. 12. ed. Rio de Janeiro: Paz e Terra, 2002.

_____. *Pedagogia da autonomia*: saberes necessários à prática educativa. 33. ed. Rio de Janeiro: Paz e Terra, 2006.

MENEZES, L. C. (Coord.). *Parâmetros Curriculares Nacionais (ciências da natureza, matemática e tecnologia)*. Brasília: MEC, 1996.

MENEZES, L. C. *A matéria*: uma aventura do espírito. São Paulo: Livraria da Física, 2005.

NEWTON, I. *Principia*: princípios matemáticos de filosofia natural. Tradução de Trieste Ricci et al. São Paulo: Nova Stella: Edusp, 1990. v. 1.

PIETROCOLA, Maurício (Org.). *Ensino de física*: conteúdo, metodologia e epistemologia numa concepção integradora. Florianópolis: UFSC, 2001.

PIETROCOLA, Maurício. Curiosidade e imaginação: os caminhos do conhecimento nas ciências, nas artes e no ensino. In: CARVALHO, Ana Maria Pessoa. *Ensino de ciências*: unindo a pesquisa e a prática. São Paulo: Thompson, 2004.

RAMALHO JÚNIOR, Francisco; FERRARO, Nicolau G.; SOARES, Paulo A. T. *Os fundamentos da física 1*: mecânica. 8. ed. São Paulo: Moderna, 2003.

RAMALHO JÚNIOR, Francisco; FERRARO, Nicolau G.; SOARES, Paulo A. T. *Os fundamentos da física 2*: termologia, óptica e ondas. 8. ed. São Paulo: Moderna, 2003.

_____; _____; _____. *Os fundamentos da física 3*: eletricidade. 8. ed. São Paulo: Moderna, 2003.

SOUZA, P. H. *O ensino do conceito de tempo*: contribuições históricas e relações interdisciplinares. 2002. 116 f. Monografia (Licenciatura em Física) – Instituto de Física/Faculdade de Educação, Universidade de São Paulo, São Paulo, 2002.

_____. O ensino do conceito de tempo: imaginação, imagens históricas e rupturas epistemológicas. In: ENCONTRO NACIONAL DE PESQUISA EM EDUCAÇÃO EM CIÊNCIAS, 5., 2005, Bauru. *Atas...* Bauru, 2005.

_____. Um diálogo entre a cultura e o perfil epistemológico no ensino de física. In: ENCONTRO NACIONAL DE PESQUISA EM ENSINO DE FÍSICA, 11., 2008, Curitiba. *Atas...* Curitiba, 2008.

_____. *Tempo, ciência, história e educação*: um diálogo entre a cultura e o perfil epistemológico. 2008. 254 f. Dissertação (Mestrado em Ciências) – Instituto de Física/Faculdade de Educação, Universidade de São Paulo, São Paulo. 2008.

VALADARES, Eduardo Campos. *Física mais que divertida*: inventos eletrizantes baseados em materiais de baixo custo. Belo Horizonte: UFMG, 2000.

ZANETIC, J. *Física também é cultura*. 1989. 252 f. Tese (Doutorado em Educação) – Instituto de Física/Faculdade de Educação, Universidade de São Paulo, São Paulo, 1989.

Paulo Henrique de Souza

O autor é licenciado em Física e mestre em Ensino de Física pelo Instituto de Física da Universidade de São Paulo (Ifusp). Atualmente é doutorando em Ensino de Física no mesmo instituto, sendo membro do Grupo de Pesquisa em Ensino de Física do professor doutor João Zanetic, seu orientador. É professor do Centro Metropolitano de São Paulo (FIG-Unimesp), onde leciona as disciplinas de Natureza e Sociedade e Ciências Naturais, para o curso de Pedagogia, e Fundamentos da Física e História da Ciência, para o curso de Biologia. Além disso, é professor de Física e Matemática do Colégio Integrado de Guarulhos (CIG). Sua área principal de pesquisa é a contribuição da história e filosofia da ciência, juntamente à concepção de educação libertadora de Paulo Freire, para o ensino de Física em todos os níveis.

Índice

Apresentação 4

Mecânica 6

Hidrostática 29

Gravitação 42

Óptica/Ondulatória 52

Termologia/Termodinâmica 63

Eletromagnetismo 71

Bibliografia 77

Biografia do autor 79